插图创作

李可意、林海林、张丹、张瑾、徐科佳携博洛尼、意大利ARREX艾度维温州团队

Successful
Code

[中] 徐科佳 著

1821 成功密码

ZHEJIANG UNIVERSITY PRESS
浙江大学出版社

图书在版编目（CIP）数据

1821成功密码 / 徐科佳著. —杭州：浙江大学出版社，2010. 3

ISBN 978-7-308-07416-2

Ⅰ.①1… Ⅱ.①徐… Ⅲ.①成功心理学-通俗读物 Ⅳ.①B848. 4-49

中国版本图书馆CIP数据核字（2010）第034729号

1821成功密码

徐科佳 著

责任编辑 葛玉丹 蒋保纬

封面设计 巴斯光年 WORKSHOP

出版发行 浙江大学出版社

（杭州市天目山路148号 邮政编码310007）

（网址：http://www.zjupress.com）

排　　版 杭州中大图文设计有限公司

印　　刷 浙江海虹彩色印务有限公司

开　　本 850mm×1168mm 1/32

印　　张 6.75

字　　数 30千

版 印 次 2010年3月第1版 2010年3月第1次印刷

书　　号 ISBN 978-7-308-07416-2

定　　价 32.00元

浙江大学出版社发行部邮购电话 (0571)88925591

你想要活得精彩吗?

你想要活得有价值吗?

你想要幸福吗?

你想要随心所欲吗?

你确定你想要吗?

你听说过1821这个成功密码吗?

你知道拥有这个密码,就可以心想事成、开启幸福人生之路吗?

物皆然　心为甚

《心灵花园》

布上油画 120cm×120cm

张瑾作品 2008

献给您

愿这成功密码带给您一生的

爱和喜悦

目录

自序

本人徐科佳，最幸运的是出生在1978年，属马。我从小就信奉马到成功！路遥知马力！龙马精神！车驰马骤！风车云马！汗马功劳！金戈铁马！快马加鞭！马不停蹄！马不解鞍！秣马厉兵！车水马龙！老马识途！立马万言！一马当先！千军万马！……

其实本人最最幸运的是遇到很多好人。因为从理论上来看，我这种人是最不容易成为优秀的人的。我出生在温州人和杭州人组建的普通家庭里。按理，要不是穷人的孩子早当家，受够了苦日子，发愤图强；要不是富人的孩子，天生有个很好的平台。像我这样中不溜的最容易被淹没，也许就信奉了平平淡淡才是真的道理，万事本分，无欲无求，到死的一刻才明白，原来生命就是莫名其妙来了，莫名其妙走了……幸而我接二连三遇到了一串好人！

首先，第一个好人是我父亲。他的严格教诲、“棍棒原理”，让我明白“女儿当自强”，要想不被人管着就得自强！不然一辈子得听他的话。听起来有点反动叛逆哦，不过我真是这么想的。虽然他是让我最尊敬、欣赏的男人，但小时候的我最受不了的就是“压迫”，以至于学过钢琴、篮球、帆船、国画、素描、书法……一切都在出类拔萃中“自毁前程”。

第二个好人是我母亲。她的“溺爱”让我从小就强烈感受到:原来我是世界上最厉害的人物！小时候,甚至我一度怀疑过自己上上上辈子应该是皇帝……前世是皇帝，这辈子当然不能逊色啦！直到我长大了,懂事了,学习了心理学,才明白,原来我一直以来的上进、努力都离不开母亲从小对我的催眠——佳佳,你是最棒的!除了长得难看点!其他通通都是最优秀的。所以我从小就明确给自己定位,我就是绿草,我外表的价值与使命在于衬托。这也促使我和美女朋友们特别融洽,因为我一直做着我快乐的“绿草”定位。

第三个好人是一个算命先生。小学五年级的时候,我在街边看书(那个年代很流行在街边小摊看小人书),一个右脸颊长有一颗大痣的中年男人突然坐到我身边说：小朋友，你是奇人异相！你脸上有北斗七星,脸型如毛泽东,你将来一定是大人物！……他给我看了一个多小时的手相、面相,最后说:我是算命的,不是骗子,你是小朋友,也没钱,我也不收你钱,只是难得一见如此大人物,忍不住和你说说,记得相由心生,命运就在你手上!好好把握!他的长相我到现在还记得,因为,他虽然莫名其妙,但是让我似乎恍然大悟，原来我来到这个世上是有使命的，我是个“大人物”哦!《蜘蛛侠》里都说了,一个人的能量越大,他的责任也就越大!

第四个好人是我高中班主任兼数学老师林瑾，一个娇小玲珑的女人。她用最简单的教学方法把我的数学从全班最后一名提升到了全校第一名！让我明白世上没有什么是不可能的，只要你想要！同时由于她的“懒”，让我的高中生涯“实习”了三年的“班主任职务”，悟到了很多做人做事的道理。比如群众基础很重要、团队力量很强大、承上启下一点都不难、大丈夫能屈能伸……当然在我毕业的时候，她又帮我做了个正确的选择——报考法律系。哲学、规律、社会、逻辑、心理学等等，在法律学科里面一应俱全。

第五个好人是我创业前的老板徐茵女士，一个眼睛超大、皮肤超好、声音超好听，气质优雅，智慧与美貌并重的质感女人。她的人格魅力吸引我在1999年进入了整体厨房行业，深谙作为世界第一厨房出口大国——意大利所赋予生活的艺术与文化；她的智慧、善良令我悟到了人生更高的境界……

第六个好人是我第一个合作伙伴兼好朋友郑丹青女士，她不仅是中国美院的才女，而且是精干可爱的女强人。她毫无私心地为我创造了创业机会，让我感受到犹如亲情的友谊；并在我最脆弱的时候毫不留情地评判了我，让我悟到商人的真谛——要保存世故的心，纯真的气！

第七个好人是我在温州科宝博洛尼家居有限公司的合作伙伴林海林女士。她的“冷漠”与善良让我彻底接纳并爱上了本让我“胃抽筋,脑发涨”的温州！温州是我的故乡,不过我从小在杭州长大。2005年回到温州的那一刻,突然发现自己像一只羊,落入了狼群,不过后来又发现,原来自己是披着羊皮的狼,原来狼并不可怕,狼是具有高贵品质的动物。同时,她令我改变了自己的观念,从而得到成长！而且也是基于她的支持与配合,我们又陆续开发了意大利ARREX艾度维原装进口厨房、IHE私人俱乐部(和会)等优势发展平台！

第八个好人是一直陪伴我的挚友李天慧女士，一个外柔内刚,静如处子,动如脱兔,悠然自得的女人中的女人。她永远是冷静的智者,在混乱的商战中给我一盏明灯;在利益的纷扰中给我一缕清新的空气……

……

说实话,我遇到的好人实在太多太多,照这样写下去,三天三夜也写不完。我几乎想不出遇到过什么坏人,能想到的人都是我的贵人。为什么呢？

哈哈,因为我也是一个好人！物以类聚,人以群分嘛。本人现任温州科宝博洛尼家居有限公司董事长、温州艾度维厨柜贸易有限公司董事长、温州IHE私人俱乐部执行董事……在我的人生规划中,相对还小算成功。2020年,我的人生目标是和家人、朋友享受生活的同时,可以盖20所希望小学,成立1个对社会有帮助的基金会,捐助500个贫困大学生,收养并成就5个不同领域的社会人才，在我死后还可以继续为地球作贡献……

也许，你看完这个成功密码之后想立刻投入创业。不过，我凭借自己从打工走向老板的经历，非常负责任地提醒你：创业之前一定要考虑清楚哦！你一旦投入创业，你就不仅仅要对自己负责，还要对你的员工负责、对你的家人负责、对社会负责……我在创业前就知道这个道理，但是只有在自己公司开业的第一天，望着员工的一瞬间，才突然感受到这个道理带给我内心强大的冲击力！

在此，我真心地给所有想当老板的你一个建议：在投入创业前，务必悟透三件事，否则就千万不要贸贸然去创业，不然甚至会有生命危险哦！！！我发誓——这绝对不是危言耸听，因为我有亲身经历，也亲眼看到过从创业走向死亡的真实故事！

首先，悟透金钱观。一个人享受一生富贵生活，消费超不过5000万，那为什么有那么多企业家还在创造几十个亿，甚至几百个亿、几千个亿呢？因为他们根本就不是在为了钱而赚钱！他们已经悟透了金钱观，金钱对他们来说只是个数字概念。如果你只是为了富裕生活而赚钱，立志做一个高级职业经理人就已足够，而且没有风险。

其次，悟透荣辱观。假设有个人让你极其厌恶，厌恶到无法忍受，甚至比死还难受。如果你是员工，你可以不予理会。如果他是客户，大不了不要销售提成了。但是，如果你是老板呢？你要对员工负责、对企业负责、对股东负责、对社会负责……如果你可以做到“大不了不要赚钱了”的心态,那么你已经对很多人不负责任了!

最后,悟透生死观。创业和你的生命有关,你信吗?为什么那么多大企业家自杀?他们的承受能力比你差吗?如果比你差,他们也造就不了生前的那些辉煌了!那为什么他们还要自杀?我在创业第一年的冬天,就差一点自杀,因为电话一响,都是追债的!除非你亲身经历,不然你真的没法明白那种感受真的比死还难受!以往过年,我都可以拿着厚厚的年终奖,想着去哪里旅行;而创业的第一年,我面临的却是负债累累的境况,还要想办法去借钱给几十个员工发年终奖(在此非常感谢我们公司的财务总监,一直不离不弃地与我共度难关)。更要命的是,自信心的打击啊!那一年,我从充满自信跌到了自卑自闭。虽然我的历史证明我管理公司一直以来都不错,但事实证明我是个失败的老板!第一年就亏损100多万!我该怎么去面对我的父母?我的员工?我的朋友?一直以来都相信我会成功的人?……死了不就不用这么痛苦了,一了百了!这个时候,我想到了小时候我母亲对我说过的一句话:坚持到底就是胜利!我想到了邱吉尔的至理名言:这个世界上没有失败只有放弃!只要生命不息就要坚持到底!一念之间我咬紧牙关,在第二年改变观念、方法,继续奋斗,业绩在第二年得到了成倍的增长!——原来这个世界上真的没有失败!同时我也彻底明白了，创业真的和生命有关！

过去的人生轨迹，无意中让我发现了“1821”这一成功密码，并在自己身上以及身边比我成功10倍，甚至100倍的100位朋友中得到了证实！本书中的很多角色都是他们的缩影。在此，非常感谢他们为本书增添了那么多传奇与真实的色彩！同时，也非常感谢曾经给予我帮助、支持、启发、鼓励的人们！

我坚信，这样的意外上天不仅仅是为了让我获得成功，而且也是让我把它传递给更多和我一样希望从平凡走向不凡、从员工做到老板、从索取变成给予、从束缚蜕变为自由的人！

我衷心希望《1821成功密码》带给成功学市场一缕清新的空气！在被成功学充斥得混沌、杂乱、繁复的脑袋里，梳理出核心价值体系！让读者在精致的读本内、搞笑的故事里，寻找商人的智慧以及简单的生活哲学！

我会继续用我的行动轨迹证明1821这个密码的成功性！并以此书献给所有想活得精彩、活得有价值的人！

2009年8月31日晚写于温州IHE私人俱乐部

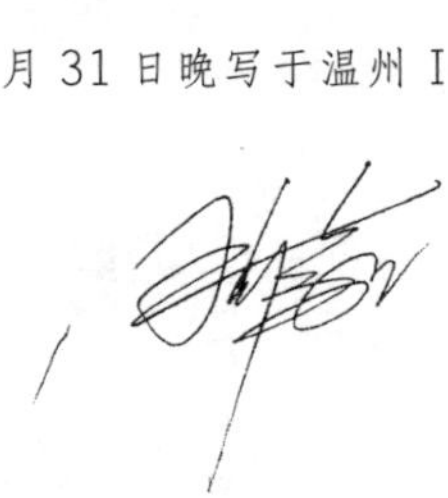

第一篇
成功是什么

我是温州人，名叫赵小V。为什么叫小V呢？小时候，我经常好奇地问V爸、V妈，叫德华、朝伟多好呀，不然叫城武也行，长得帅嘛！要不叫艺谋、本山好了，才子呀！

V爸、V妈告诉我："V"代表成功的意思，人之所以幸福，是因为他成功！

成功是什么？长大后能赚很多钱？拥有社会地位，拥有财富？
随着年龄的增长，我明白了——成功就是实现你自己的预期目标！

也许你的目标是财富，也许你的目标是婚姻，也许你的目标是追求心爱的女孩，也许你的目标是嫁个好男人，也许你的目标是教育小孩，也许你的目标是打败癌症……只要实现了，都叫成功！
成功了，就有幸福的感觉了！

V
1821

现在的我，公司年产值 30 个亿，虽然公司还在不断快速扩张，但是我很轻松；虽然我很丑，但是著名女主播小梵是我的太太，而且我们很相爱；和睦的家庭生活、愉悦的朋友关系、茁壮成长的团队、充满爱的世界——这一切都是我的幸福源泉！

就我这傻样，怎么可以这么成功呢？

因为我曾经进过“精神病院”，并且在“精神病院”门口得到了**1821**成功密码！

1821这个密码可以让你在各个领域获得幸福，包括事业、财富、家庭、生活、爱情、健康……如果你可以掌管这个密码，就可以随心所欲、心想事成！

第二篇
精神病院所见所闻

解码——1种思维

解密——思维决定一切

解读——

结果是由行为导致的，而行为是由思维支配的！

成功者的思维——→成功者的行为——→成功的结果

失败者的思维——→失败者的行为——→失败的结果

性格决定命运，思维决定出路！

我小时候老爱不停地笑，于是就莫名其妙被送进了精神病院。

每次我和医生说：放我出去！

医生就只会问我一个问题：出院了打算干嘛？

我就告诉他：我出院后第一件要干的事情就是敲你的脑袋！

于是他就又把我关了起来。经过 138 次，每次结果都一样。

后来我明白了，我期望同样的思维、同样的行为，达到不同的结果，还真是个神经病！同样的思维、同样的行为，怎么会达到不同的结果呢？要想结果改变，必须得改变思维！

思维决定一切!

所以我就在第139次换了策略,医生又问我出院了打算干嘛?我就告诉他,我出院后第一件要干的事情就是找女朋友。当时他很开心,又问我找了女朋友之后干嘛?我说带着女朋友一起敲他的脑袋!

由于我的思维没有固定好,所以就被残酷地送进了"重度精神病患者病房"!

不正常
人类!!

终于有一天,我在精神病院彻底受够了!

受够了!导致我彻底改变了思维,离开了莫名其妙的精神病院,挥一挥衣袖,不带走一片医院上空的乌云……

不过就在精神病院门口,我发现有个小房子,小房子的名字叫"不正常的人"。难道是精神病院的附院?

我好奇地走进去,看到几个人在聊天,于是就问:"你们是谁?"他们告诉我,他们叫"成功者"!

原来这个世界上只有少数人成功,少数人做的事,社会就称之为"不正常",所以,成功=不正常!

1
8
2
1

为什么这个地球上只有少数人成功呢?

因为只有少数人拥有1821成功密码!

如果每个人都能拥有1821成功密码,那么,成功就变成了"正常",而且1821成功密码可以把成功变成绝对值!

哇塞!如果每个中国人都拥有1821成功密码,那世界第一大国岂不非我国莫属?!那我岂不就不用辛苦学英文,因为全球人民都会学习用中国话沟通?!

太棒了!

解码——8个约定

解密——第一个约定:我明确我的目标!

解读——

目标是人生的导航仪。

明确的目标,必须具备五要素:

1. 明确:明确就是力量!
2. 数字量化:模糊目标无法计划!
3. 挑战性:以将来定现在!而不是以现在定将来!
4. 时限:时间的拖延是目标的慢性杀手!
5. 长短结合:先长再短,以免实现目标失去目的!

一心向着自己目标前进的人，

整个世界都会给他让路！

朋友见面,常问一句:“最近忙吗?”

回答一般是没有悬念的:“忙,很忙!”

好奇怪哦,我有个朋友叫老李,他掌管20家上市公司,业务包括港口及有关服务,电讯及电子商贸,地产及酒店,零售及制造,能源及基建……他怎么不忙呢?

有一天,他写了三个字给我,并带我去看了忙碌的人们,原来如此……

这三个字是:忙——茫——盲

没有目标的忙碌叫瞎忙,会导致茫然。

茫然了就会问自己:我这么忙死忙活为了什么?

茫然一阵子后就进入更可怕的阶段——盲目!

我看到大部分人都眼睛蒙着黑布在做事,人生完全失去方向、控制,就像脚踩西瓜皮,滑到哪里算哪里!

老李说:这个世界上,27%的人不知道自己的目标是什么。60%的人似乎知道,因为他们会说,明年要更上一层楼啊,但是他们不清楚这层楼在哪里、有多高。他们也会说,明年要买一套房子,但是他们不清楚要多大面积、买在陆家嘴还是闸北区。这些都叫模糊目标。只有13%的人,他们的目标是明确的、清晰的!

天哪!那这13%的人都是"不正常"的人,就是在那房子里的"成功者"?

我终于明白为什么大部分人不成功了。87%的人由于没有目标或目标模糊,非常容易随波逐流。而他们又有87%以上的概率会碰到失败、贫穷的人给出错误的方向和建议,所以就非常容易、轻松、自然地走向了失败、贫穷……没有目标的人很容易失去方向,或者说根本就没有方向!人生又谈何精彩?

赵小V人生目标

年份	项目	目　标
10年之内	事业	
	财富	
	学习	
	生活	
	健康	
5年之内	事业	
	财富	
	学习	
	生活	
	健康	
3年之内	事业	
	财富	
	学习	
	生活	
	健康	
1年之内	事业	
	财富	
	学习	
	生活	
	健康	

因为……原因,所以我必须完成以上目标!意愿极其强烈!不成功便成仁!我愿意为此付出任何代价!

签名:赵小V

日期:1821年13月32日

第四篇
我爱小梵

解码——8个约定

解密——第二个约定:我就是我认为的我!

解读——

英国牛津大学心理研究成果表明,任何人改变的轨迹都遵循以下规律:

期望——→信念——→态度——→行为——→结果

我期望自己是个非常成功的人——→我相信我就是成功的料——→我具备成功者的态度——→我做成功者的行为——→我成功地过完了我的一生

我期望自己是个平平淡淡的人——→我相信平平淡淡才是真——→我具备平平淡淡的态度——→我做平平淡淡的行为——→我平平淡淡地过完了我的一生

催眠秘密:“就”。

这个字可以达到最佳催眠效果!

我从小就怪我妈:为什么把我生得那么难看!都没女生喜欢我!

我妈回答:你妈身为一个女人,长得不好看,还那么胖,居然也可以如此成功!你是男人你还怕什么?

我无语。是呀,我就是最棒的男人咯!

今天,小梵居然还含情脉脉地对我说:“小V呀,你专注的样子实在是帅呆了!”

小梵的这句话实在是太动听了!中学的时候,她可是我的梦中情人呀!

迁移
母
父
官
禄
兄弟
命宫
田宅
夫妻
疾厄
财帛
子女
奴仆

我记得自己考大学前夕做了三个梦：第一个是梦到自己在墙上种白菜;第二个是梦见下雨天,我戴了斗笠还打伞;第三个是梦到跟小梵脱光了衣服躺在一起,但是背靠着背。

这三个梦似乎有些小玄哦?

我第二天就赶紧去找算命的解梦。算命的一听,连拍大腿说:“高墙上怎么能种出菜来?那不是白费劲吗?戴斗笠还打雨伞不是多此一举吗?跟女朋友都脱光躺在一张床上了,却背靠背,不是没戏吗?”

我一听,心灰意冷……

我把这事告诉小梵,没想到小梵却和我说:“哟,我也会解梦的。我倒觉得,你这次一定能考上大学!你想想,墙上种菜不是高种(中)吗?戴斗笠打伞不是说明你这次是万无一失吗?跟我脱光了背靠背躺在床上,不就是你翻身的时候要到了吗?”

这辈子,我最听妈妈和小梵的话了,算命先生算老几呀!我相信自己就是能考上大学的!我就是大学生的料!而且,“翻身”的时候就要到了!

果然,我顺利考上了大学,而且我和小梵……

自从发现了“就”这个秘密，我百试不爽，帮了很多人，救了很多人，极其灵验！

有一天，一个男员工跑过来向我请假15天。我问他为什么。他居然告诉我，他失恋了，要去海南散散心。

这个男员工好帅哦！貌似潘安，对女人超好，但不知为什么，就会被他那天使脸蛋、魔鬼身材的女友给甩了。

他对我痛哭道：“原先在一起的时候我也不觉得自己有多么离不开她，但是今天我突然发现，自己真的好爱好爱她，我就是离不开她！我时时刻刻都觉得自己就是离不开她！”

我知道他完了！因为他已经在给自己做催眠了，还时时刻刻催眠自己，就是离不开！

于是,我告诉他:给你三天假期,每天对自己说100遍“我就是无所谓她!”“我就是不爱她了!”“我就是可以找到比她更好的!”

一天过后,才一天哦,他就兴冲冲跑过来找我:“小V总,你太厉害了!我今天醒来发现,原来自己根本就没那么爱她!”

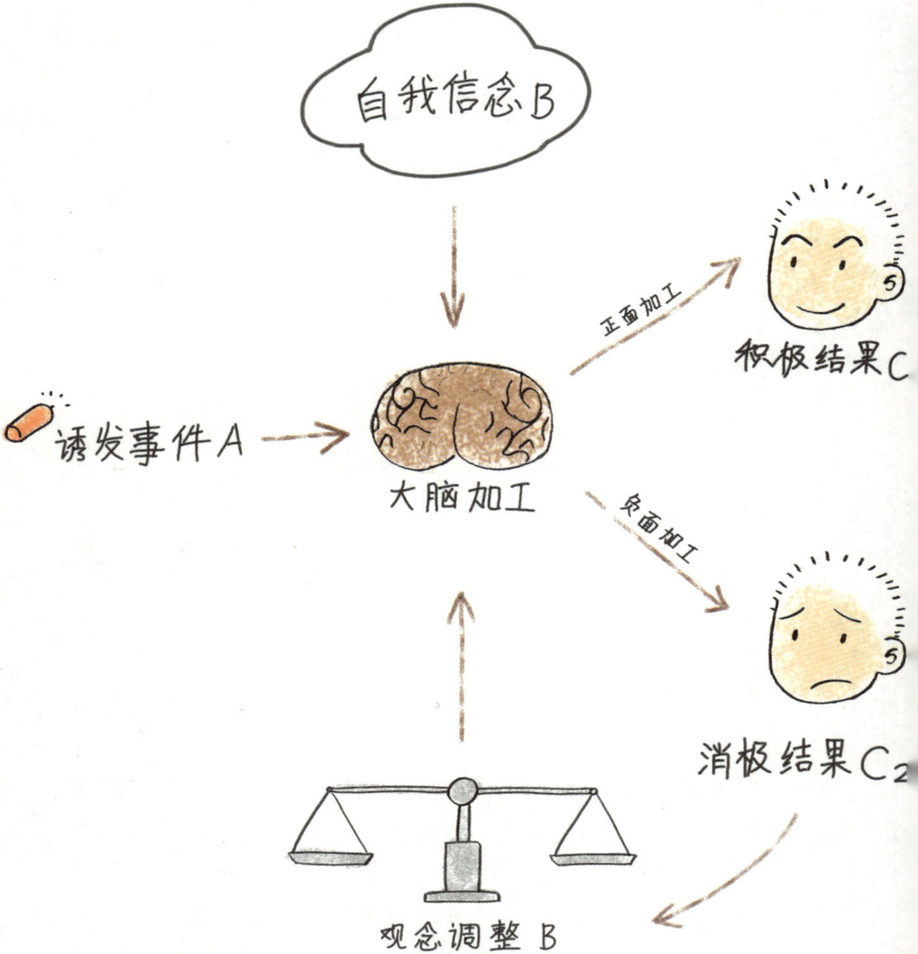
自我信念B
正面加工
积极结果C
诱发事件A
大脑加工
负面加工
消极结果C2
观念调整 B

第五篇
曾曾曾曾祖父

解码——8个约定

解密——第三个约定：我是一切的根源！

解读——

著名心理学家艾利斯的“ABC情绪理论”：

人的情绪主要根源于自己的信念及对生活情境的评价与解释。即事情的前因(Antecedent)，通过当事者对该事情的评价与解释以及对该事情的信念(Belief)这个桥梁，最终才决定产生什么样的结果(Consequence)。

凡是找借口,责怪外界,你得到了什么?

凡是从自身找原因,得到的都是自己的!

《一个人，两个选择》

布上油画 120cm×120cm

张瑾作品 2009

小时候，妈妈给我讲过曾曾曾曾祖父和曾曾曾曾祖父的弟弟当年一起进京赶考的故事：

当年，他们一起去赶考，路上遇到了一支出殡的队伍。看到一个黑漆漆的棺材。

曾曾曾曾祖父的弟弟心里立即"咯噔"一下，凉了半截。心想：完了，真触霉头，赶考的日子居然碰到了这个倒霉的棺材。于是，心情一落千丈。走进考场，那个"黑漆漆的棺材"一直挥之不去。结果，文思枯竭，果然名落孙山。

曾曾曾曾祖父也同时看到了，一开始心里也"咯噔"了一下，但转念想：棺材，棺材，噢！那不是升官发财嘛？好，好兆头，看来今天我要鸿运当头了，一定高中！于是情绪高涨，文思泉涌，果然一举高中。

回到家里，两人都对家人说：那"棺材"真的好灵！

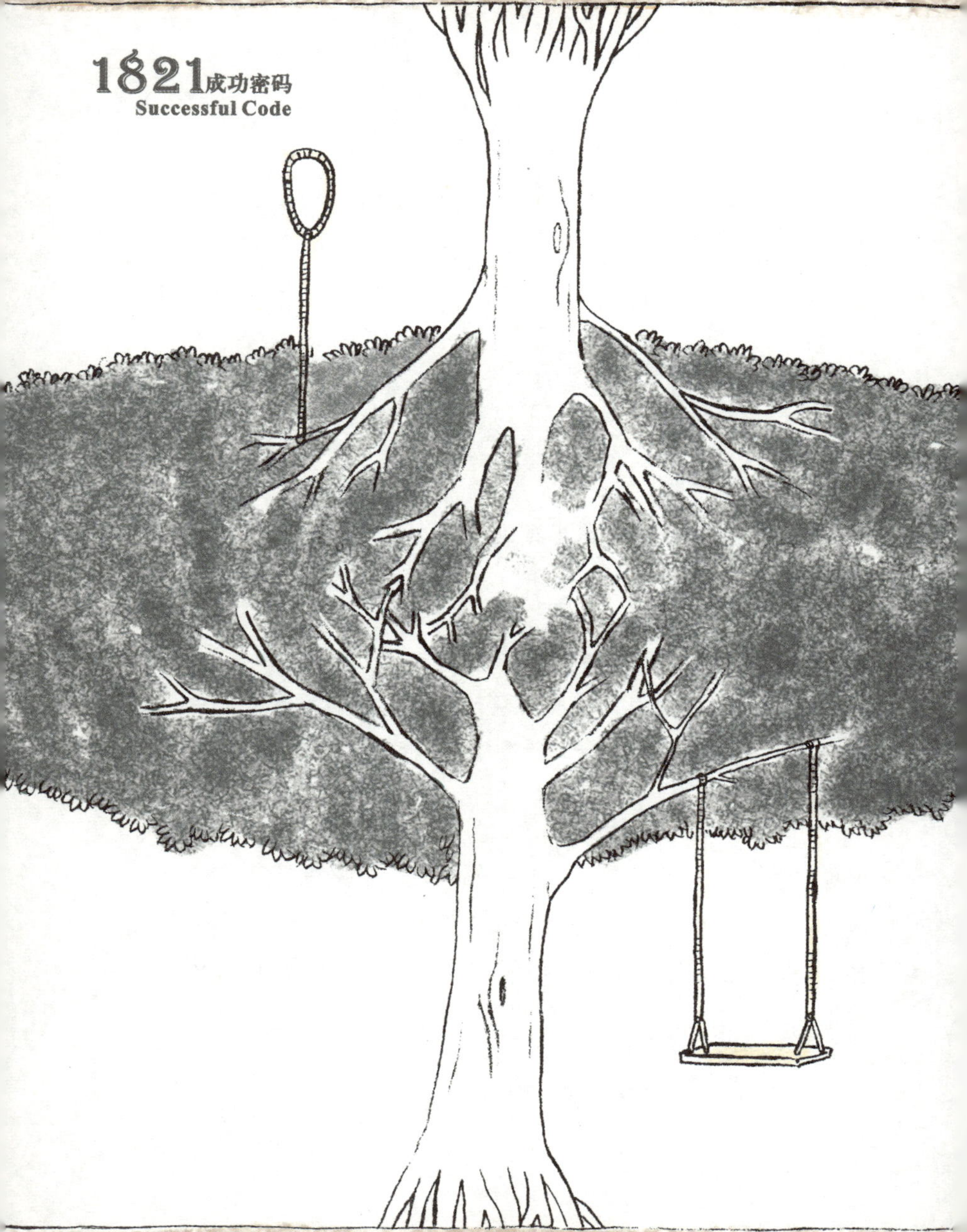

曾曾曾曾祖父的弟弟之所以名落孙山，是因为他考场上文思枯竭,而文思枯竭是因为情绪不好,情绪不好又是因为他看到令他感到“触霉头”的棺材。

曾曾曾曾祖父之所以金榜题名,是因为他考场上文思泉涌,而文思泉涌是因为情绪高涨,情绪高涨又是因为看到令他感到“好兆头”的棺材。

真正决定事物结果的根源并非事物的本身，而是我们自己对事物的信念、评价与解释。即:一切的根源不是事物的本身,而是有权对该事物作出不同评价的我们——我是一切的根源。

有一天我在海边散步,发现一个小伙子要投海自尽,于是我就问他:“那么年轻,为什么要跳海?”

他郁闷地对着大海喊:“我怀才不遇啊!天妒英才啊!”

我说:“你想知道为什么吗?不过你要帮我做件事。”

他当然想死得瞑目啦,立马应许。

我从海滩上捡起一把沙子扔向远方，让他帮我把这把沙子捡回来。

他兴冲冲跑过去，突然傻了，发现自己根本无法从沙子里找出我扔出去的那些。他很气愤，指着我骂道："你这死胖子，太过分了，我都要自杀了你还戏弄我！"

于是，我就把一粒珍珠扔向远方，说："那就简单一点吧，只要你把这粒珍珠捡回来，我就告诉你答案。"

他很快就捡回了这粒珍珠。

我告诉他："你要想成为珍珠，首先得让自己变得像粒珍珠的样，别人才好发现你。如果你让自己像沙子一样，那么谁可以在沙堆里面发现你呢？"

这个世界上有那么多伯乐吗?你是要不改变自己的原状,苦等伯乐发现你?还是要自己掌握命运,主动让伯乐发现你?

伯乐相马固然厉害!但良禽择木而栖、贤臣择主而侍!

孔子有云:“鸟择木,无木择鸟!”

我是一切的根源!

第六篇
可怕的面试

解码——8个约定

解密——第四个约定:有我就有可能!

解读——

失败一定有原因,成功一定有方法!

方法永远比问题多!

相信自己！一切皆有可能！

《你要去哪里》

布上油画

张瑾作品2005

大学刚毕业，我去一家500强企业面试，让我印象最深的就是最后一道题目：

如何用四根直线把九个点连在一起？

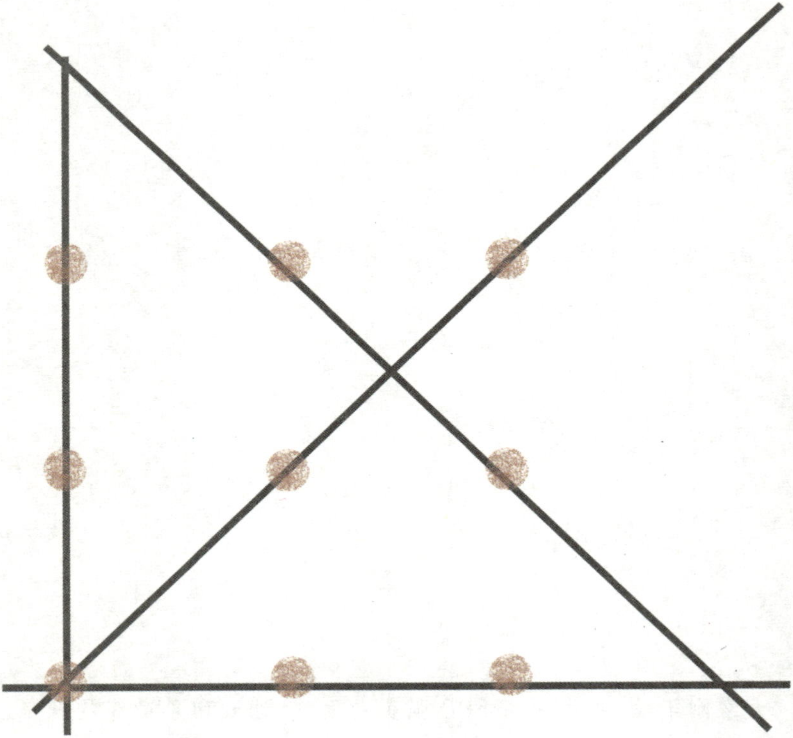

太感谢我的班主任老师Miss Lin了！我简直爱死她了！

是她在我们大学毕业前反复给我们做了《500强企业面试题库选》，以至于我仅在五秒钟以内就正确回答了这个问题。

面试官注视了我很长时间,然后交头接耳一番,严肃地对我说:“基于你答题速度过快,我们决定给你加试一题!”

唉,早知道就慢慢来,假装思考一下咯!真是人笨不能怪刀钝!“如何用三根直线把九个点连在一起?”面试官得意地、不怀好意地笑着问我。

我偷偷看了面试官一眼,似乎看到了一个“拿摩温”,怀里揣着皮鞭,嘴里叼着大烟,斜眼看着我说:“瞧你小样!休想来我们公司!”

我开始滴汗了……

只能用三根直线，却要把九个点连在一起！

可能吗？

突然我想到了阿迪达斯的广告语:一切皆有可能!

在不服输和挑战可能的情况下,我猛然发现:其实,小学上数学课时就知道,点,不分大小。现实中任何一个点都会有大有小!突破这一限制,只要无限延长"Z"字三段线,九个点就连在一起了。

看到这个答案,面试官注视了我更长时间,又一番交头接耳后,严肃地对我说:"我们决定给你再加试一题!"

天哪!有完没完呀!还来?

我还没来得及反应,面试官已经开始出题了:"如何用一根直线把九个点连在一起?"

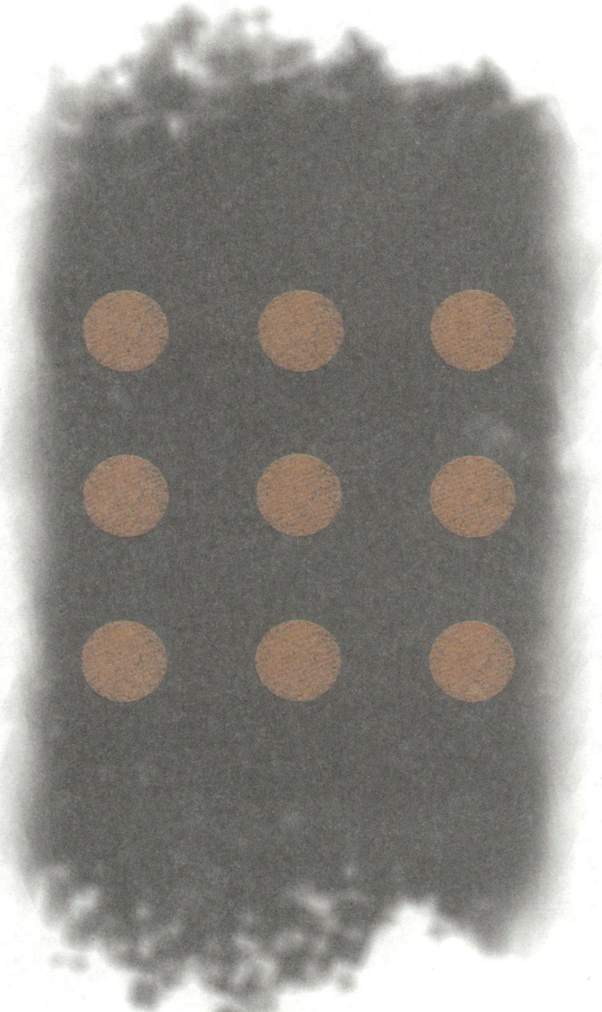

听到这个题目,我乐了:我都已经突破"点不分大小"这个圈圈,难道还突破不了"线不分粗细"这个框框?

于是,我很快用一支极粗无比的大毛笔,在九个小点上画了一根直线,完全连住了这九个点!

出来的时候,我好开心.因为我突然发现:有我就有可能!

我相信,这个世界上没有任何不可能!

水能倒流吗?在抽水机发明之前,99%的人都认为不可能,可偏偏就是那个认为可能的人,发明了抽水机!

手机、电脑、微波炉、洗衣机、汽车……都是那些认为一切皆有可能的人发明出来的,才使社会得到了进步!

如果每个人都认为不可能,社会怎么进步?科技怎么发达?
失败者找借口,成功者找方法!

在销售例会上,你会发现,业绩名列前茅的总在找方法,业绩落后的总在抱怨:客源不够多,运气不够好,别人配合不够,等等。

方法永远比问题多!有了这个信条,问题就变得如此渺小。事实也证明,这世上没有什么问题是解决不了的!

第七篇
阿哲的锦囊

解码——8个约定

解密——第五个约定:我有挫折,太棒了!

解读——

风靡全球的图书《秘密》,几百页字,最关键的问题是讲万物吸引力法则:好和坏是反义词,是对抗的。好在的时候,坏就不存在;坏在的时候,好就不存在。你要想好事冲你来,就别让坏心情伴随着。

人的一生中总会遇到好事、坏事,月有阴晴圆缺。当我们遇到坏事、面对挫折的时候要赶紧大喊:太棒了,这样的事也会被我碰到!我必定在这过程中得到成长!你的快乐指数、掌握幸福的能力就会立刻直线上升!

这就是"精神制胜法"!

遇到再大的挫折、痛苦，我们都可以保持一份好心情，
迎接好事物的来临！

《非爱情游戏》
装置艺术
张瑾作品 2009

有个人,叫 VV·施特劳斯。有一年,美国西部发现了大片金矿,于是,他也想去西部淘金。

几乎所有的朋友都制止他,因为路途太遥远!未来太渺茫!西部有强盗!西部太危险!西部很苦!……

幸而,他有个朋友叫阿哲。阿哲每天都得喝酒,一喝完就变成一个哲学家,滔滔不绝的天道、规律、哲学、思想……

阿哲给了他一个锦囊,说:“祝你好运!危难的时候可打开锦囊看看。”

VV·施特劳斯上路了。一天,他突然发现有一条大河挡住了他西去的路。打道回府被人耻笑,而且盘缠也不够了;前进又没有办法。困境让他沮丧,面对的难题压得他透不过气来。

这个时候,他想起了锦囊,打开后发现里面只有一张纸条,上面写着这样一段话:“太棒了,这样的事情竟然发生在我的身上!我必定在这过程中得到成长!(跪下,对天不停大喊!)”

死马当活马医吧。于是他来到河边,“非常兴奋”地不断重复地大喊:“太棒了,这样的事情竟然发生在我的身上!大河居然挡住了我的去路。我必定在这过程中得到成长!”……不停地喊、不停地喊……

突然,他想到了一个绝妙的创业主意——摆渡。这里到处都是森林资源,摆渡只要靠双手就可以实现,而且很多人也会在淘金的路上被大河挡住去路,没有人会吝啬一点小钱坐他的渡船过河。很快,他人生的第一笔财富居然因大河挡道而获得。

一段时间后,他凑够了盘缠,把自己也渡了过去,并继续西行。来到西部,四处是人,他找到一块合适的空地,买了工具,开始淘金。

没过多久,他就淘到了第一桶金。正开心的时候,几个恶汉围了过来:“臭小子!这个地盘是我们的,金子也是我们的。把金子留下,给我滚!”

VV·施特劳斯和他们讲道理:“大哥,这没道理啊,明明是我……”

强盗哪会和他讲道理?话音未落,就是一顿拳打脚踢,把他打得鼻青脸肿,奄奄一息。

看着那些强盗扬长而去的背影，他又一次想起了阿哲的锦囊。于是他就跪下对天开始大喊："太棒了，这样的事情竟然发生在我的身上！淘到的金子也会被人抢走。我必定在这过程中得到成长！"……不停地喊、不停地喊……

突然，他又想到了一个绝妙的主意——卖水。

西部缺水，可似乎没什么人能想起。而且一杯水也不值几个钱，强盗也看不上。

不久，他卖水的生意便红火了起来。

过了一阵子,强盗们才发现,原来卖水也可以赚好多钱。聚少成多啊!

于是强盗又围住他,恶言道:"臭小子!这个地盘是我们的,水也是我们的。从此之后不准在我们的地盘上卖水,给我滚!"

VV·施特劳斯又和他们讲道理:"大哥,这没道理啊,明明是我……"

强盗哪会和他讲道理?话音未落,又是一顿拳打脚踢,把他打得鼻青脸肿,奄奄一息。

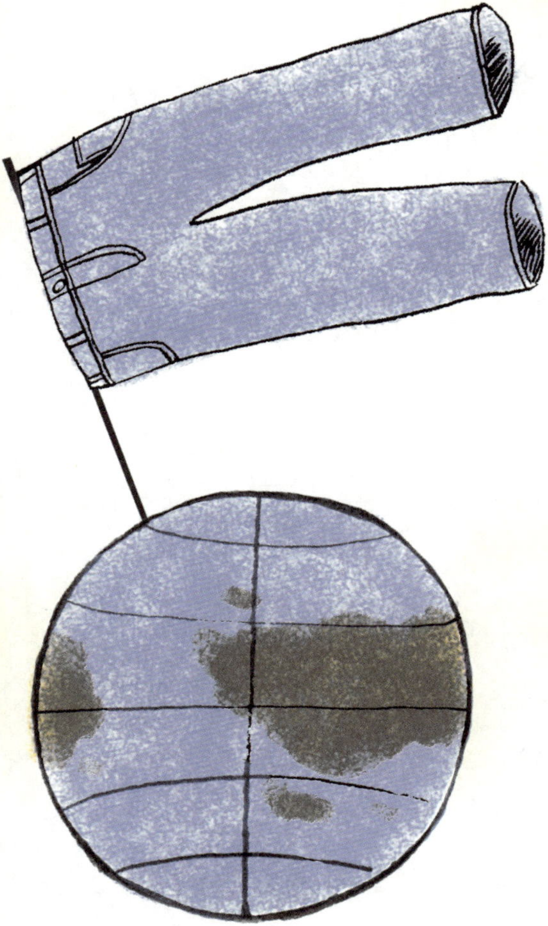

看着那些人扬长而去的背影,他再一次想起了阿哲锦囊。于是他又跪下对天开始大喊:“太棒了,这样的事情竟然发生在我的身上!卖水的生意也会被人抢走。我必定在这过程中得到成长!”……不停地喊、不停地喊……

他开始调整自己关注的焦点。

他发现,对于西部淘金的人来说,衣服极易磨破,同时又发现西部到处都有废弃的帐篷。于是他又有了一个绝妙的主意——把那些废弃的帐篷收集起来,洗干净……就这样,世界上第一条牛仔裤诞生了!

而且,设计牛仔裤、办工厂,这活强盗抢也抢不走。大不了去美国办工厂,也不是非得留在西部呀。从此,他一发不可收拾,最终成为举世闻名的“牛仔大王”!

“太棒了,这样的事情竟然发生在我的身上!”通过自我调侃,迅速进行情绪转移!

“我必定在这过程中得到成长!”是对自己的激励。没有抱怨,多找主观原因——精神制胜法!

人的一生总会遇到挫折,搞坏我们的心情,但是阿哲的锦囊让我们明白,凡事都有两面性,关键是选择“遇到挫折,我放弃”,还是“我有挫折,太棒了!”

第八篇

雁荡山里的老和尚

解码——8个约定

解密——第六个约定:山不过来,我就过去!

解读——

如果别人不喜欢我,是因为我还不够让人喜欢,那么我改变自己,学习让人喜欢的本领,从而提高自己!

如果我无法说服他人,是因为我还不具备足够的说服能力,那么我改变自己,学习说服能力,从而提高自己!

如果我们还无法成功,是因为我们暂时没有找到成功的方法,那么我们改变自己,学习成功的方法,从而提高自己!

要想事情改变,首先得改变自己;只有改变自己,才会最终改变别人;只有改变自己,才可以最终改变属于自己的世界!

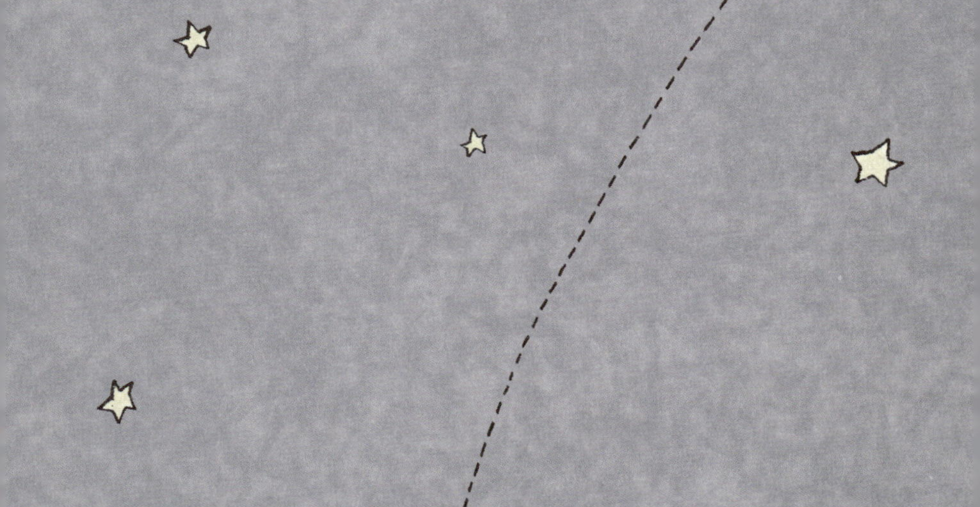

浙江温州有个很出名的旅游景点——雁荡山。

山里住了个老和尚,法名“移山大师”。

人们听说后都想见识“移山大法”,让其当众表演一下。

大师满怀信心地把头一点,对山大喊道:“山过来!山过来!山过来!”

……

大师从日出喊到日落,雁荡山却始终纹丝不动!人们开始怀疑大师的“移山大法”。

这时候,只见大师不慌不忙地带着人们走到山脚下,说道:“山不过来,我就过去!”世上本没有什么移山之术,唯一能移动山的方法就是“山不过来,我就过去”。

现实生活中,有很多的“山”我们根本移不过来,或者至少暂时无法移动。大师的哲学告诉我们:如果事情无法改变,我们就改变自己!

山不过来,我就过去。这不是浅尝辄止,不是知难而退,更不是裹足不前,而是一种更加睿智的人生哲学!

生活的确需要一些开朗和豁达,更需要一些睿智和机敏。换一种心态,换一种方式,真的就可以把“山”移走。山,如果不过来,那就让我们过去吧!

我公司以前有个销售部经理,叫陈娇。她绝对是一个天才销售员!

她看到客户都觉得人民币在向她飘过来。

客户眼珠一转,她就能猜到客户在想什么。

十个客户中,有九个必定和她成交;还有一个是想挖她的,因为那是竞争对手的老板。

但是,物极必反!

她看不顺眼自己的任何一个下属,甚至张口就骂:

“你死人啊!”

“你是猪脑袋啊!”

“老娘那么辛苦帮你们赚钱,你们还不赶紧伺候伺候我!”

于是,她的下属岗位职称叫“销售员”,实际职务叫“仆人”。

她一空下来就像个武则天,指挥这个给她端茶递水,指挥那个给她按摩,做得不好就一顿臭骂!

辞职

压迫越大,反抗就越大!

终于有一天,我收到了销售部的集体辞职信。

“虽然在这里能赚到很多钱,但是,我们的人格遭受侮辱。心灵遭受摧残!只要陈娇在,我们就走!”

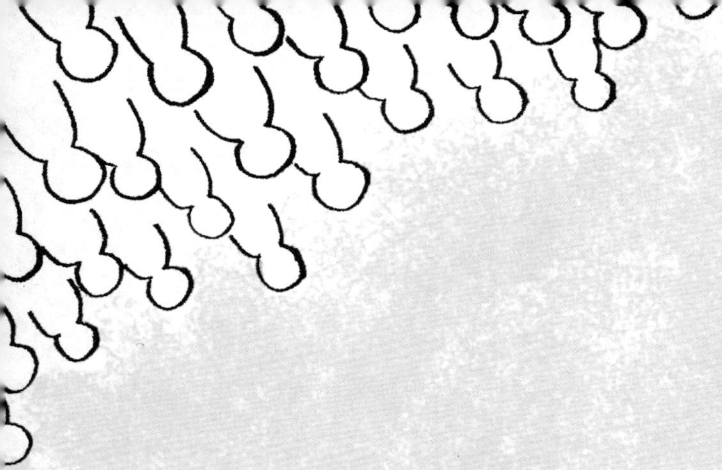

留下

于是,我开始一个个做思想工作。

在这个过程中,我发现,集体离职的员工分两种:一种是铁了心要走的;另一种是本不想走,但是骑虎难下的。

意外的是,居然有一个员工属于第三种!

她和我说:“你不用做我思想工作了,因为刚才我已经和外面的同事说清楚了,我决定留下来不走。”

为什么呢?接下来,她就说了一段非常有智慧的话:

我想,小V总能开这么大公司,肯定比我要聪明,为什么还要用一个管理水平这么差的销售部经理呢?无疑她的销售水平比大家都好。我们之所以被她压迫就是因为销售水平、管理水平都不如她。其实,陈娇的管理水平不够好正是我们的机会!我相信,以小V总的智商,假如我有一天练到销售水平和她差不多、管理水平比她好,那么您一定会让我做销售部经理的!

听完她这番话,我泪如泉涌——知我者莫若她呀!

后来,她真的成了出色的销售部经理,而陈娇却成了她的销售干将。

要想事情改变,首先得改变自己;只有改变自己,才会最终改变别人;只有改变自己,才可以最终改变属于自己的世界!

山不过来,我就过去!

第九篇
还能活几天

解码——8个约定

解密——第七个约定：我快，我就赢！

解读——

快，就是效率！快，就可以掌握先机、掌握主动权！快，就是领先！快，就是代表成功人士对生命的珍惜，对自己的承诺！

绝不拖延！马上行动！当日事，当日毕！

有人问我:为什么可以这么成功?

我说因为我有一个哥哥。

我们的集团生意是V妈开创,V哥接管的。

V哥当时花了五年时间把家族生意做到一个很高的平台，而我只花了一年时间就做到了V哥的成就。那是因为我比V哥厉害吗?

不是!那是因为V哥把他的经验给了我,让我少走了很多弯路,而我对V哥有绝对的信任,相信他带给我的都是成功的经验。

V妈作为集团的开创者,又花了多长时间成功呢?

十年!

难道她比我们俩兄弟差吗?当然不会!只是因为没有人给她经验、规律!

有时候,我和V妈开玩笑:“你再多生一个儿子就好了,那我就可以把我的经验再传给V弟,集团生意就能以更快的速度发展到更大了!”

其实,现在的竞争都是时间的竞争、速度的竞争。谁快,谁就赢!

看看奥运田径比赛、风帆比赛,谁快,谁就是冠军!

看看电脑,速度越快越好卖,速度慢就会被淘汰!

看看《动物世界》里狮子追赶羚羊的片段,一个为饥饿在奔跑,一个为生命在奔跑,谁快,谁就赢!

你知道你还剩下多少天可以活吗?

中国人平均寿命 75 岁。

75(年)×365(天)=27375(天)

假设你现在 28 岁。28(年)×365(天)=10220(天)

27375(天)−10220(天)=17155(天)

其实,人的一生也只有两万多天!

你剩下的生命也只有一万多天啦!而且要在不会遇到任何突发灾难(如车祸、海啸、坠机、战争、失火、地震、癌症……)的情况下。

我们不能控制生命的长度,但是我们可以控制生命的宽度!

就让我们在有限的生命里,活得精彩,活得有价值,活得幸福吧!

《抗衡》

布上油画 120cm×120cm

张瑾作品 2008

第十篇

只要生命不息就要坚持到底

解码——8个约定

解密——第八个约定：坚持到底，我就胜利！

解读——

这个世界上没有失败，只有放弃！

只要生命不息，就要坚持到底！

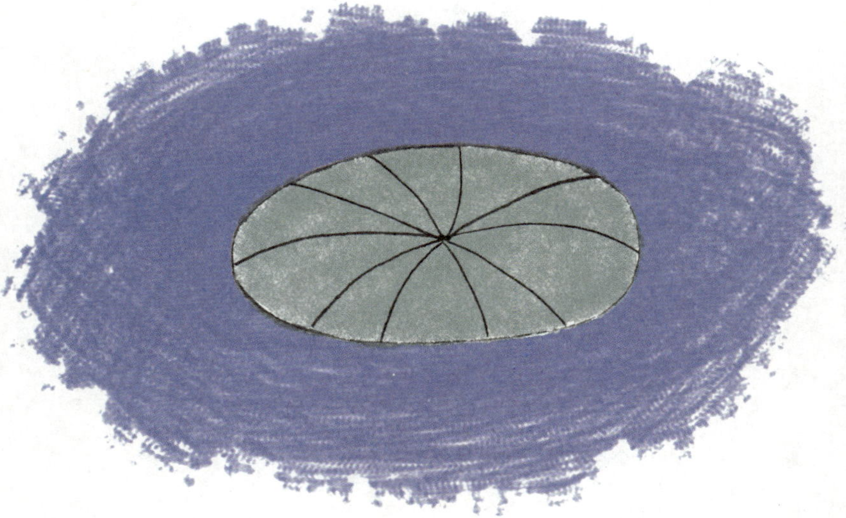

有一天,阿哲问我一个问题:假设一个荷塘里只有1片荷叶,而荷叶的生长速度是每天翻1倍,全部长满荷叶需要30天,那么第25天里面有多少荷叶?

我开始算起来:第一天1片,第二天2片,第三天4片,第四天8片,……啊呀,好像算错了,重新开始;第一天1片,第二天2片,第三天4片,第四天8片,第五天16片,……

阿哲笑我了,说我憨厚+愚钝!

他告诉我:全部长满荷叶需要 30 天,那么第 29 天荷叶覆盖了荷塘面积的 1/2,第 28 天覆盖了 1/4,第 27 天就是 1/8,第 26 天就是 1/16,第 25 天就是 1/32。

我恍然大悟:这就是经济学中著名“荷塘效应”。

也就是说,在前 25 天里,你几乎就看不到荷塘里有多少荷叶,但是最后的这五天里,你才感觉到荷叶爆发了!

万事开头难,很多人在第 25 天之前就选择了放弃,也就看不到自己爆发成功的时候。

老夏是著名企业家，去年投资建设了一家超有品味的奢华精品酒店。由于酒店投资巨大，品位超高，所以回收超慢，还要陆续跟进投资。

于是就有很多人说：老夏投资失败！

老夏却说：倒闭才叫失败，我现在是追加投资。坚持到底，我就胜利！

这个世界上，真的没有失败！

只要不放弃，何谈失败？

放弃，才是真的失败！

我有个朋友叫施瑙晶，爱上了一个“可怜”的有妇之夫。

为什么说那个有妇之夫是“可怜”的呢？

因为他父母给他许配的太太绝对是“母夜叉”首领，“潘金莲”后代！

却由于懦弱的性格、传统的思想，他和太太分居多年未离婚。

也许就是那个男人的懦弱与传统，让施瑙晶欲罢不能，从 20 岁开始就一直做着“等待的女人”，甚至背负“情人”的恶名。不知内情的人甚至骂她“第三者”。

十年来，所有的朋友都劝她放弃，不是因为觉得他们不应该在一起，而是不知那个男人何年何月才会离婚，给她名分。

施瑙晶只给我们一句话：既然我那么爱他，我就愿意用一生的时间等待他！

就在第十一年，那个男人终于离婚了！施瑙晶终于嫁给了这个她愿意用一生的时间等待的男人！

第十一篇
一个喝马桶水的人

解码——**2**个品质

解密——第一个品质：认真

解读——

认真是什么？怎样才算认真？

认真=全力以赴

认真=专心致志

认真=精益求精

认真=注重细节

我在日本留学的时候，被安排的工作居然是在东京帝国酒店洗厕所！而且上司对我的工作质量要求特高,高得骇人:必须把马桶洗得光洁如新！

我很不甘心,我可是一个大学生,这个活是我干的吗？我应该干大事的！

我很不高兴,非常不高兴！每次进厕所,都觉得这里太脏、太臭，很恶心！

我的前辈对我摇头说:“那么简单的事你都干不好，再有抱负又有什么用？”

只见他说完之后,就跪在马桶边,趴在马桶上,一遍遍地洗马桶,直到洗得光洁如新;然后,他居然还从马桶里盛了一杯水,喝了下去!

我震惊了！目瞪口呆,热泪盈眶,恍然大悟,如梦初醒!

当时我就痛下决心:“就算一生洗厕所,也要做一个最出色的洗厕人！”

其实,光洁如新,要点在于“新”。新则不脏,因为不会有人认为新马桶脏。也因为新马桶中的水是不脏的,所以是可以喝的。反过来讲,只有马桶中的水达到可以喝的洁净程度,才算是把马桶洗得“光洁如新”了,而这一点已被证明可以办得到。

只要够认真,够全力以赴,够专心致志,够精益求精,够注重细节!

我坚信:这个世界上只有认真,才能确保品质!

第十二篇
我是罗文我怕谁

解码——2个品质

解密——第二个品质:诚信

解读——

信守承诺！说到做到！绝不虚假！

我是罗文我怕谁！

阿里妈妈网络公司的CEO叫“小马哥”,大学毕业时留校当了老师,承诺要在学校工作三年。

第一年就有人要他跳槽，并给出了高额的薪水待遇。他断然拒绝,说:“承诺就是承诺,不去就不去！”

第二年又有人要他跳槽,并给出更高的薪水待遇。他还是断然拒绝,说:“承诺就是承诺,不去就不去！”

小马哥现在已经非常成功,非常幸福了,不过他在还没有成功之前,就已经是一个很诚信的人哦！

诚信是什么？诚信就是说到做到！绝不虚假！

看着充满“侠气”的小马哥,不禁让我想起罗文:

美国、西班牙开战在即。

美国麦基威总统为了获得主动权,想到了西班牙反抗军首领加西亚将军!

但是加西亚五年前已经消失。西班牙政府重金悬赏捉拿加西亚,没有人知道他在哪里,是否还活着。

这个时候,有人向总统推荐了一个人——罗文。

总统写了封给加西亚将军的信,罗文把信拴在脖子上,放在胸口,只说了一句话“保证完成任务!”就上路了。

罗文爬山涉水,历经千辛万苦,最终完成了任务!

罗文怎么完成任务不是关键。

关键的是,总统交给罗文任务的时候,什么都没告诉他。罗文什么都不知道,他也没问:加西亚是谁?加西亚在哪里?加西亚死了吗?给我多少报酬?……

但是,罗文拥有坚定的信念、明确的目标,并且信守承诺,说到做到,绝不虚假!

如果一个人具备了罗文精神,如果一个团队具备了罗文精神,如果中国人个个都具备罗文精神,那么,还有什么目标是实现不了的?

我是罗文,我怕谁?

第十三篇
终极密码

解码——1个动力

解密——爱

解读——

爱是一切动力的源泉！

核心爆发的终极密码！

整个密码的关键！

缺少这个“1”，前面的“182”也就发挥不了强大的能量！

为什么要成功?

因为我要让自己财富自由,想买什么就买什么。进了名牌店可以和服务员说,除了这个、这个,其他通通包起来,我都要了!

因为我要让自己有生之年可以去自己最想去的50个国家!

因为我要赚到可以送儿子出国留学的费用!

因为我要赚到给女儿买房的钱!

因为我要让我的父母过上更幸福的品质生活!

……

似乎每个人的回答都不一样,其实答案只有一个,那就是爱!
爱,是一切动力的源泉!

不管是小爱,还是大爱。

不管你是爱自己,还是爱父母、爱子女、爱朋友、爱国家、爱社会、爱地球……

你够爱吗?

你心中有爱吗?

只有心中有爱的人才会有使命感,才会有足够的动力和决心去成功!

你心中有爱吗？

《结合》

布上油画 100cm×90cm

张瑾作品 2009

1821成功密码
Successful Code

你爱你自己吗？

一个不自爱的人，没有人会爱你！

你够爱你自己吗？

你不该让自己过得更好，更有品质吗？

你爱你的父母吗？

够爱吗？

他们赐予你生命，把你养这么大，对你无私奉献！

现在，你长大成人了，不该好好回报他们吗？

你可能还有一万多天可以活，可你的父母还有多少天可以活呢？

难道非得“子欲养而亲不在”？

你爱你的子女吗?

不一定给他们最好的物质生活，但是最起码要给他们最好的教育条件,给他们开阔眼界的机会吧!

凭什么别人家的小孩就比你家的小孩可以收获更多呢?

你爱你的老婆吗?

她就这么跟了你,你希望她成为最幸福的女人吗?

当你老婆喜欢一个名牌包包的时候,你说:老婆啊,我很爱你,但是我没能力赚钱给你买啊!——这不是废话吗?

只要你足够爱她,就一定会发奋图强,努力赚钱给她买名牌包包!

你爱你的老公吗?

他为家庭生活到处奔波,含辛茹苦,如此劳累!

你作为家庭成员,作为最爱他的人,就不应该为他分担一些吗?

现在这个社会大多都是脑力竞争,而不是体力竞争,凭什么你就只花不赚?

你爱你的朋友吗?

你爱你的老板吗?

你爱你的员工吗?

你爱你的伙伴吗?

你就不想让自己在物质、精神各方面都富足一些,可以给予他们更多的力量吗?

你爱你的家乡吗?

你爱你的祖国吗?

你爱你的社会吗?

你爱这个地球吗?

如果你有足够的爱,你可以给予他们什么?

只会在那里唾弃种种腐败不满,或是无动于衷。这是爱吗?

你不一定把拯救地球作为目标,但是你最起码可以把为家乡、为祖国、为社会、为地球多作一份贡献作为目标吧?

从前,有个人在去世之后到上帝那儿报到,上帝问他:你投胎后想做手心向上的人,还是手心向下的人?

他问:有什么区别吗?

上帝说:手心向上就是来世别人都会给你东西;手心向下就是来世你总是要给别人东西。

他说:那我当然要做手心向上的人咯!

上帝听完就帮他投了胎。

他投胎成了乞丐，一生做了个手心向上，任何东西都只能向别人要，等待别人来施舍救济的人。

他很气愤，死后就去找上帝算账！

上帝一脸安详地告诉他：手心向上是索取的姿势。你为什么要索取？因为你贫穷！手心向下是给予的姿势。你之所以能给予，说明你富有，不管是物质方面还是精神方面，你却是个富足的人！

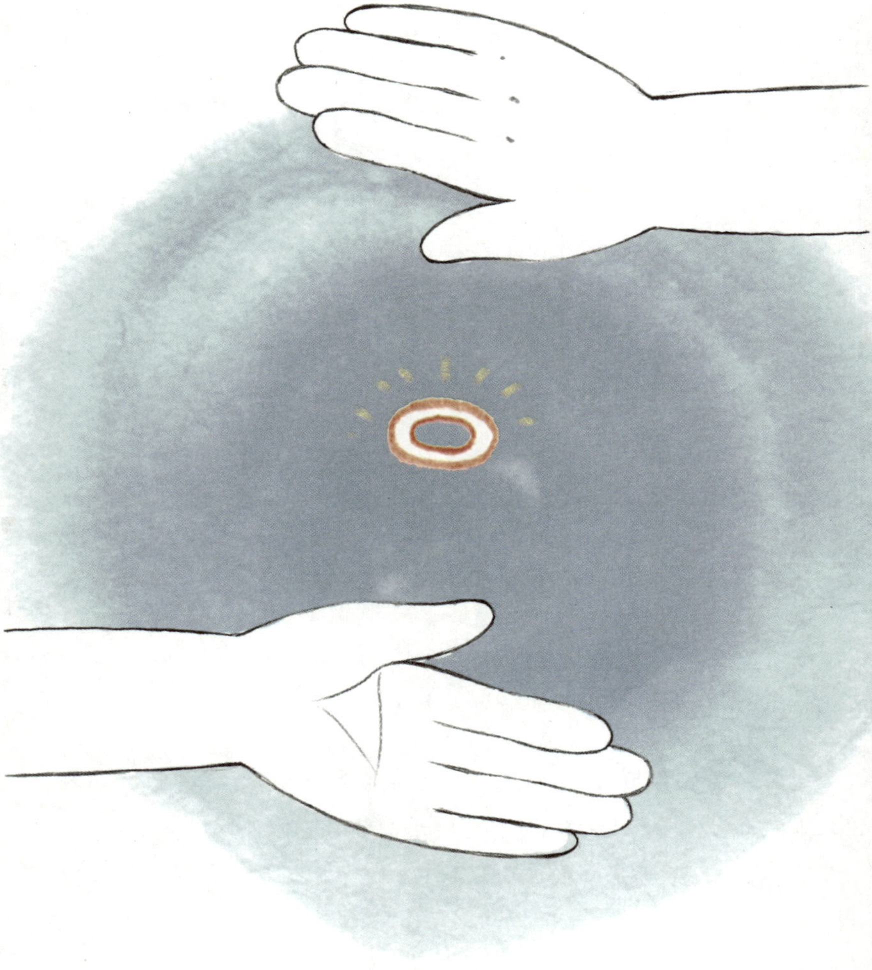

手心向下，给予别人的是无私的温暖和关怀，留给自己的则是坚强的信念和支点。

因为，生活好像一架钢琴，只有当我们手心向下时，才能弹奏出高亢、激昂、优美的音乐。

做个手心向下的人，需要大量的财富和一颗正直善良的心。

在没有成就自己之前，就让我们好好努力吧！只要明确了方向，并且坚持不懈地努力，那么目标一定会实现。

等到成功的时候想想，其实做个手心向下的人也不难，给予别人的同时收获了快乐，这不也是一种幸福的人生么？

做一个心中有爱的人，走到哪里都有爱！

1821 成功密码连读诀：

在成功者的思维下，我明确了我的目标，我就是可以完成这个目标，遇到任何障碍我都相信我是一切的根源，从中找到问题所在。如果暂时找不到方法，我相信有我就有可能！不停找方法！遇到挫折，太棒了，这样的事也会被我遇到，我必定在这过程中得到成长！山不过来，我就过去！而且我快，我就赢！坚持到底，我就胜利！

我带着认真、诚信的品质，爱的使命，必定成功！

第十四篇
1821成功密码图解

1821

只要你内心有想要实现的目标，真正完整地运用这个1821成功密码，就没有实现不了的！

将1821成功密码刻在你的心中，成功就会变得如此容易！

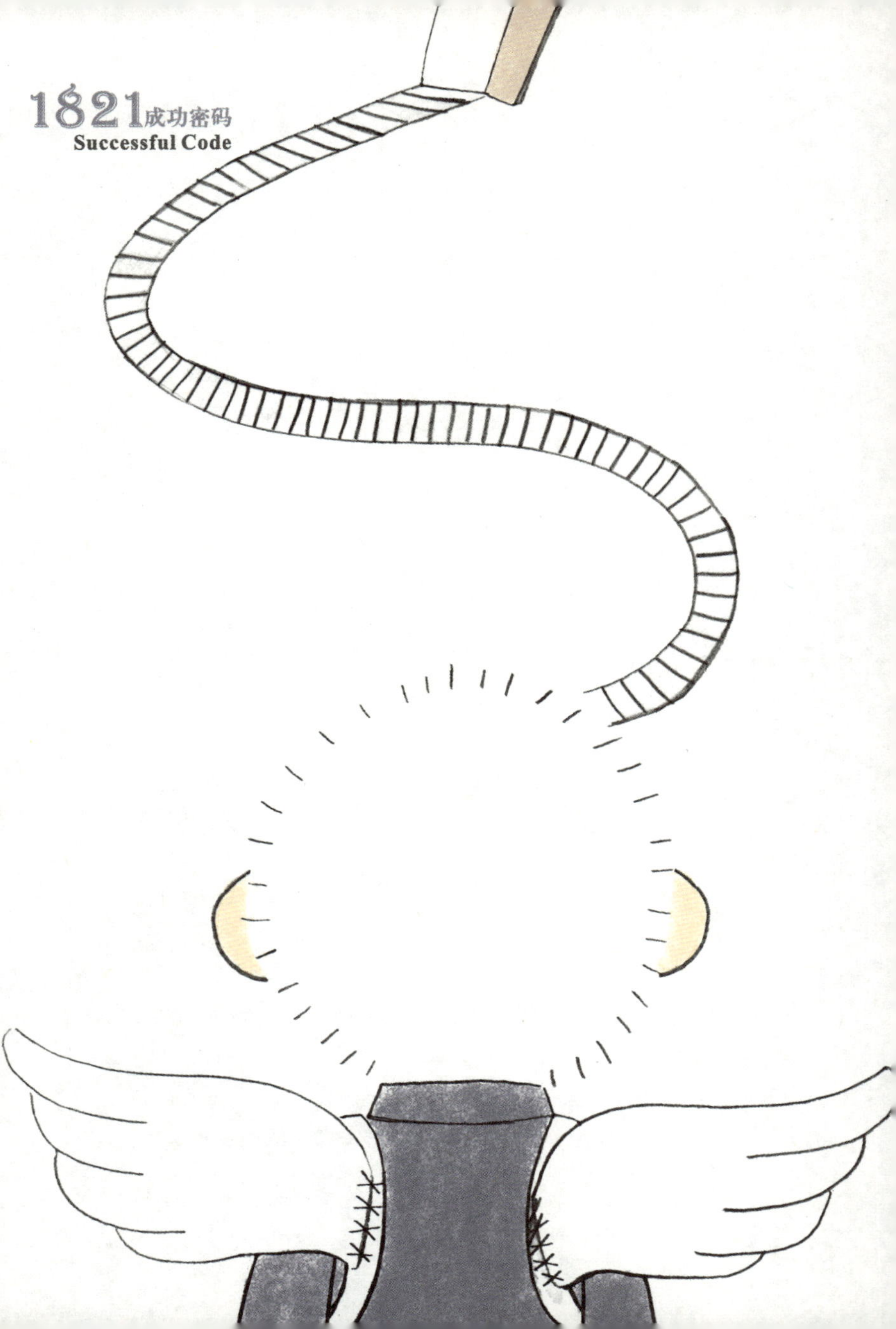

第十五篇
幸福成功的捷径

我今年 31 岁,却比一些 50 岁的人还成功。

有些人可能才 25 岁,却比我还成功。

为什么呢?

因为——

幸福是有捷径的!

成功是有捷径的!

捷径是什么?

其实很简单，就是“模仿成功”！

模仿成功者的思维，模仿成功者的行为，听取成功者的建议！

假设你和你老公（老婆）感情出现问题，千万不要去咨询离婚的或婚姻生活不幸福的人士。不然，结果只有一个——你们马上去领离婚证！

假设你要创业，千万不要去咨询还没有创业，或创业失败，或还没成功的人。不然，结果只有一个——创业不成功！

V妈告诉我,我的祖先叫“独孤求败”。

想当年,独孤求败的府邸就像大唐盛世一样,气势恢宏。府邸门口不管白天黑夜,总有里三层外三层的人群围着。有些是来拜师学艺的,有些是Fans,他们扯着嗓子,拼命呼喊着……

有一些女Fans高举着独孤求败的画像,喊着:“我爱你——独孤求败!”

有一些男Fans排成一队,统一姿势,统一呼喊:“独孤求败!独孤求败!独孤求败!”

还有一些Gay爱慕地喊着:“独孤求败!你好帅啊!我好崇拜你啊!”

还有一些父老乡亲,扛着鸡、鸭、鱼、肉,虔诚地在门口等着。

当然,还有一些含辛茹苦的父母,带着子女,敲锣打鼓,有节奏地喊着:“收我为徒,报效祖国,收我为徒,打败倭寇,收我为徒,养你终老!”

于是,独孤求败收了很多弟子,天天操练……

但是,武林高人不是神仙,他也有老去的一天。终于到了他寿终正寝的一刻,弟子们都在门口纷纷议论:“师父打遍天下无敌手的绝招还没有传授给我们啊!师父死了,绝招可就失传了!”

怎么办?经过商议,他们决定派出大弟子去问师父。因为大弟子是独孤求败的亲身儿子,唯一的儿子。

“父亲大人啊,打遍天下无敌手的绝招是什么?”

独孤求败无力地看了一眼跟前的儿子,抬起右手,握拳往前缓缓推出……手停到半空中,滑落下来——死了!

弟子们纷纷嚎啕大哭!绝招没说完师父就走了,绝招从此失传啦!

树倒猴孙散,只有独孤求败的儿子留下来守孝。他不断重复演练着独孤求败临走之前的那个不成调的动作,琢磨着,这里面有什么玄机呢?

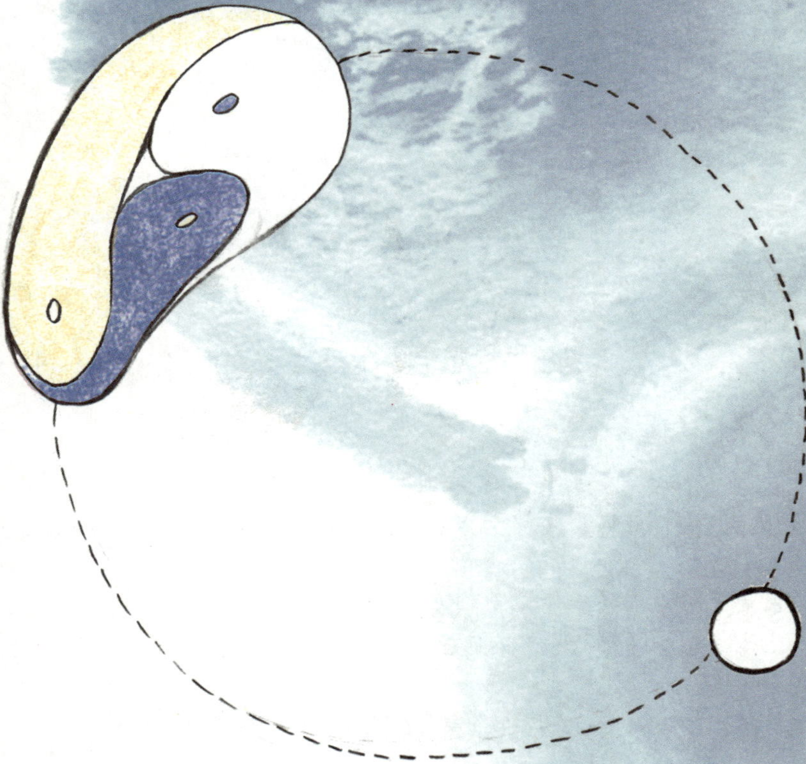

突然有一天,他恍然大悟了!

原来绝招就是——直拳!

当直拳练到力度最大、速度最快的时候,那么这个世界上将没有任何武功可以与之抗衡了!

无论九阴真经、降龙十八掌,还是大海无量神功,在对方还在运气的时候,你已经以最快的速度、最大的力度,用直拳把对方击倒了!

祖先的故事让我明白:简单的动作练到极致就是绝招!

成功也真的就这么简单,关键是有没有练到极致!

如果做一个“全才”获得成功,是少数人才能干得了的事;那么做一个“专才”获得成功,是每个人都能干得了的事!

要么,我什么都比大家懂;要么,我有“致命”的专长!这个“致命”的专长,就是我的核心竞争力!

后记

1821成功密码已经被无数次得到验证！

这是一个完整的幸福成功体系。单个密码没有太大作用，但放在一起就会像原子弹一样爆发能量！

如果你某个目标实现不了，遇到障碍，一定是1821成功密码中的某个数字出错了！

赶紧检查修正！必须及时哦！因为这些密码都是有关联的，就像多米诺骨牌一样，一个倒了，其他的都会慢慢跟着倒掉！

如果在使用1821成功密码时，你发现自己做不到，用不起来，那只可能有两种原因：你的目标不够大，或者你是个没有爱的人！

目标不够大，很容易解决，就是一直调整，“大”到你有足够的动力与激情就好！

但如果你是个心中无爱的人，那么我只能宣判你已经得了“失败癌症”！

不要说你不是没有爱，只是不够爱。因为爱这种东西，有就是有，没有就是没有。不够爱的程度只是说明你现在是癌症晚期，还是中期，或是早期？

一个心中有爱的人才会有使命感，才会有足够的动力前进！

我衷心希望你幸福成功！所以，最后再告诉你两个秘密：

1. 根据科学家统计证实，任何习惯的养成，都必经三个阶段。

第一阶段：0—7次　　不习惯、痛苦

第二阶段：8—21次　　不习惯、不痛苦

第三阶段：21次以上　　非常习惯、下意识、条件反射

如果把1821成功密码变成你的习惯、下意识、条件反射，那么你就会习惯性地成功！到时候，幸福、成功会向你涌来，你想挡也挡不住喽！

2. 既然与“我是一切的根源”有个约定，那么就一定要学会总结的四部曲。这会助你理清思路，明确目标！

第一部曲：目标完成情况

第二部曲：目标未完成的障碍

第三部曲：克服障碍的对策与方法

第四部曲：创新与收获

非常感谢你看完了《1821成功密码》！请你好好保存它，并

且把它放在你随处可见的地方，时刻提醒自己，按照必然的规律，快乐地、习惯地得到你想要的一切幸福！

赵小V解码工作到此结束，相信你已完全明了！不过，不知你悟到了吗？

因为只有悟到，才能做到！

只有做到，才会得到！

此时此刻，可能有很多人都在看这本书，你快，你就赢哦！

道法自然，如来……

——浙江中梁置业有限公司　副董事长

1821是一个完整的幸福成功体系，具有多米诺骨牌效应，一应俱应，一损俱损。

——温州巨一集团　总经理

态度决定一切！

——上海贝克室内设计装饰有限公司　董事长

看万卷成功书，不如手握1821。其实成功就这么简单执著。

——山西红鑫房地产有限公司　总经理

心中有爱，走到哪里都会遇到爱。

——杭州久竹装饰设计有限公司　总经理

性格决定命运，思维决定出路。

——框架传媒

时间是最可贵的稀缺资源，擅用时间，珍惜生命！

——金泰集团　总经理

感谢 1821 指引我们的团队走向成功！

——上海汉嘉之雅厨具有限公司　销售总监

阳光有阴影，有欢乐有痛苦，那才是完整的人生。用感恩的心愉悦地面对接受所有……

——智马传媒有限公司　总经理

爱是恒久忍耐，爱是包容与奉献。

——上海贝克室内设计装饰有限公司　总经理

我就是我认为的我，感谢 1821 带给我的能量！

——国际拉丁舞大赛冠军

成就一番事业是需要勇气与格局的！

——同泰医疗器械有限公司　董事长

一心向着自己目标前进的人,整个世界都给他让路!

——温州科宝博洛尼家居有限公司　总经理

记得感恩,不再自怜。